Bibliografische Information der Deutschen Nationalbibliothek:

Die Deutsche Bibliothek verzeichnet diese Publikation in der Deutschen Nationalbibliografie; detaillierte bibliografische Daten sind im Internet über http://dnb.d-nb.de/ abrufbar.

Impressum:

Druck und Bindung: Books on Demand GmbH, Norderstedt Germany
ISBN: 9783346023476

Julian Waciewski

Besteht ein Zusammenhang zwischen Feinstaub und Wetterdaten? Ergebnisse einer empirischen Analyse

GRIN Verlag

Analyse des Zusammenhanges zwischen Feinstaub und Wetterdaten

Klimadaten wurden von einem selbstgebauten Feinstaub- und Umweltsensor ermittelt und über einem Zeitraum von 14 Tagen kontinuierlich aufgezeichnet. Anschließend erfolgte eine Datenaufbereitung mit einem Statistikprogramm.

Es sollte die Frage beantwortet werden, ob ein Zusammenhang zwischen der Feinstaubbelastung und den Wetterdaten wie Luftdruck, Luftfeuchtigkeit und Temperatur besteht.

Die Frage nach dem Zusammenhang zwischen Feinstaub und absoluter Luftfeuchtigkeit kann bei dieser Untersuchung bestätigt werden.

Inhaltsverzeichnis

1. Einleitung

Zur Analyse von Feinstaub in verschiedenen Größen baute ich mir ein Feinstaubmessgerät nach den Vorgaben der OK Lab Stuttgart. Bei der Betrachtung der Messergebnisse meinte ich festzustellen, dass an manchen Tagen die Luftfeuchtigkeit und die Feinstaubbelastung parallel ansteigen würden. An anderen Tagen konnte man diese Verbindung nicht direkt erkennen. So stellte sich mir die Frage, ob diese Werte miteinander in Beziehung stehen. Ich stellte mir vor, dass der Feinstaub eventuell durch eine höhere Luftfeuchtigkeit gebunden würde und kürzer in der Luft bliebe. Deshalb wurde ein längerer Messzeitraum von 14 Tagen gewählt, um genügend Daten für eine statistische Datenanalyse zu bekommen.

2. Vorgehensweise, Materialien und Methode

Ich habe zuhause eine Feinstaubmesseinrichtung gebaut, nach den Vorgaben des Citizen-Science-Projekts der OK Lab Stuttgart. Das Gerät wurde geschützt unter einem Vordach befestigt.

Folgende Bauteile wurden verwendet:

- NodeMCU ESP8266, CPU/WLAN
- SDS011 Feinstaubsensor
- BME280, Temperatur, Luftfeuchtigkeit und Luftdruck
- Käbelchen
- USB Kabel
- Steckernetzteil USB
- Kabelbinder
- Schlauch
- Wetterschutz, Marley Silent HT Bogen (DN 75 87°)

Abbildung Nr.1: Messeinrichtung

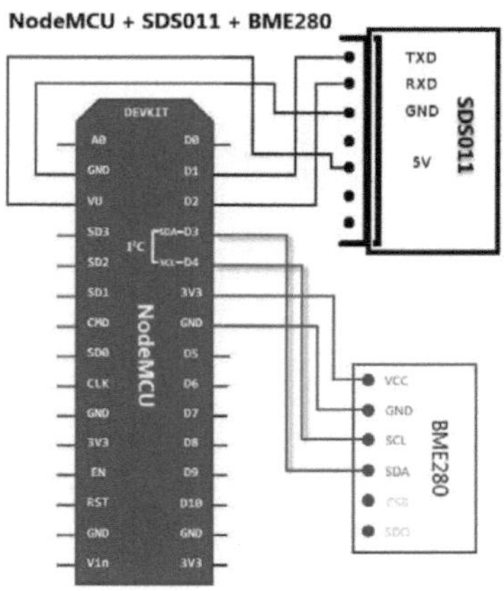

Abbildung Nr.2: Schaltplan

Mit dieser Apparatur wurden folgende Parameter gemessen:

SDS_P1 (PM10)	x µg Feinstaub mit einer Größe von 10µm/m³
SDS_P2 (PM2,5)	x µg Feinstaub mit einer Größe von 2,5µm/m³
BME280_temperature	Temperatur in °C
BME280_humidity	relative Luftfeuchtigkeit in %
BME280_pressure	Luftdruck in Pa (Pascal)

Tabelle1: Bezeichnung der Variablen und Maßeinheiten

Die Messungen erfolgten vom 21.01.2018 bis zum 03.02.2018 erhoben. Das Messintervall betrug 145 Sekunden, die Messwerte wurden an eine eigene API (Application Programming Interface) gesendet und auf einem lokalen Webserver (Synology Diskstation DS-213) als CSV-Datei (Tabellenformat) gespeichert.

Diese täglich erstellten CSV-Dateien wurden im nächsten Schritt per „Copy"-Befehl (COPY *source1 + source2.. destination*) zu einer Datei zusammengefügt.

Der erste Datenimport erfolgte in Excel, hier wurde die absolute Luftfeuchtigkeit näherungsweise errechnet nach der Magnus-Formel:

$$e_{sat,w} = 611{,}2 * \exp\left(\frac{17{,}62 * t}{243{,}12 + t}\right)$$

Formel 1

$e_{sat,w}$ = Sättigungsdampfdruck über Wasser (Pa)

t = Temperatur (°C)

Anschließend wurde die Daten in das Programm IBM SPSS Statistics übertragen.
Die statistische Datenanalyse der einzelnen Variablen umfasste folgende Verfahren:
Mittelwert

$$\bar{x} = \frac{1}{n}(x_1 + x_2 + \ldots + x_n) = \frac{1}{n}\sum_{i=1}^{n} x_i.$$

Formel 2

3. Begriffserklärung der statistischen Ausdrücke:

3.1. Standardabweichung

Die empirische Standardabweichung, auch Stichprobenstreuung oder Stichprobenstandardabweichung genannt, ist in der deskriptiven Statistik ein Streuungsmaß für Stichproben. Die empirische Standardabweichung ist ein Maß dafür, wie weit die Stichprobe im Schnitt um das arithmetische Mittel streut

$$s = \sqrt{\frac{1}{n-1}\sum_{i=1}^{n}(x_i - \overline{x})^2}$$

Formel 3

3.2. Median

Bei dem in der Mitte des geordneten Datensatzes stehenden Wert spricht man vom Zentralen Wert oder Median.

3.3. Korrelationskoeffizient

Der Korrelationskoeffizient (auch: Korrelationswert) oder die Produkt-Moment-Korrelation, entwickelt von Bravais und Pearson – daher auch Bravais-Pearson-Korrelation oder Pearson-Korrelation genannt –, ist ein dimensionsloses Maß für den Grad des linearen Zusammenhangs zwischen zwei mindestens intervallskalierten Merkmalen. Er kann Werte zwischen -1 und +1 annehmen. Bei einem Wert von +1 (bzw. -1) besteht ein vollständig positiver (bzw. negativer) linearer Zusammenhang zwischen den betrachteten Merkmalen. Wenn der Korrelationskoeffizient den Wert 0 aufweist, hängen die beiden Merkmale überhaupt nicht linear voneinander ab.

3.4. Boxplot

Der Boxplot ist ein Diagramm, das zur grafischen Darstellung der Verteilung eines skalierten Merkmals verwendet wird. Ein Boxplot vermittelt schnell einen Eindruck, in welchem Bereich die Daten liegen und wie sie sich über diesen Bereich verteilen.

4. Messergebnisse

4.1. Protokoll 03.02.2018

Zusammenführung der tageweise gespeicherten Luftdaten zu einer CSV-Datei. Import in SPSS. Errechnen der absoluten Luftfeuchtigkeit mittels der Magnus-Formel für Werte über 0 Grad Celsius. Absteigende Sortierung der Werte nach Höhe des Feinstaubwertes.

4.2. Deskriptive Statistik

	N	Minimum	Maximum	Mittelwert	Std.-Abweichung
SDS_P1	7759	,40	84,93	15,9292	12,62930
SDS_P2	7759	,30	40,83	7,9593	6,50393
BME280_temperature	7759	3,50	15,06	8,1554	2,59353
BME280_pressure	7759	99559,28	102757,56	101189,3972	993,67555
BME280_humidity	7759	62,63	100,00	86,8572	6,55049
Absolute_Luftfeuchtigkeit	7759	4,96	9,98	7,3146	1,19068
Gültige Werte (Listenweise)	7759				

Tabelle 2: Deskriptive Statistik der Messergebnisse

Anschließend wird ein Boxplot mit sämtlichen Werten erzeugt

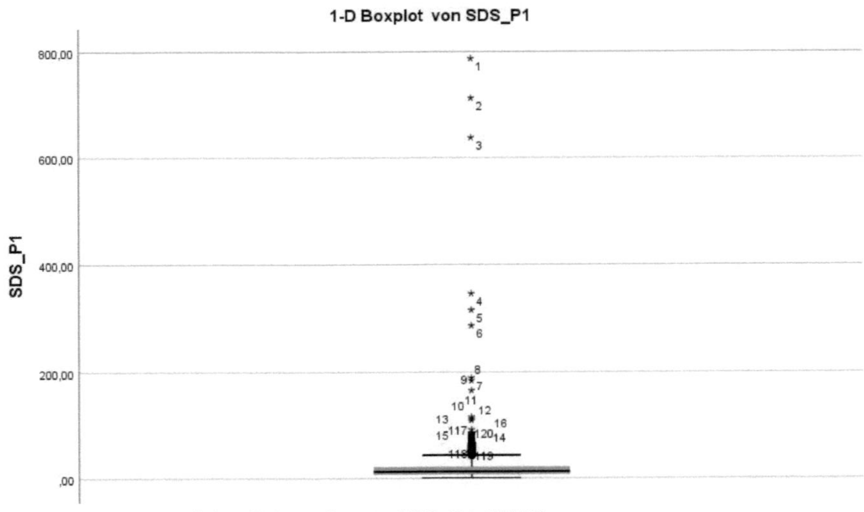

Grafik 1: Boxplot sämtlicher Feinstaubwerte SDS_P1 (PM10)

Es folgt die Analyse der ungewöhnlichen Fälle. Entfernung der 13 Ausreißer, die mehr als drei Standartabweichungen nach oben vom Mittelwert abweichen.

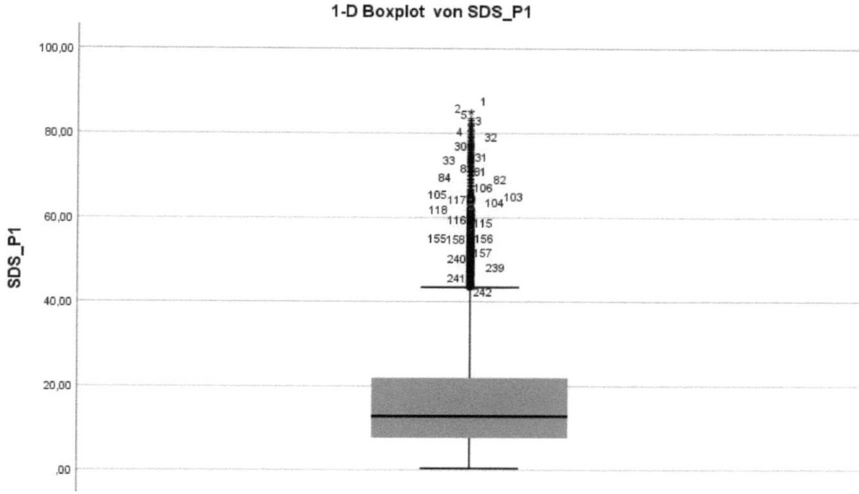

Grafik 2 Darstellung der Werte für Feinstaub PM10 ohne „ungewöhnliche Fälle“

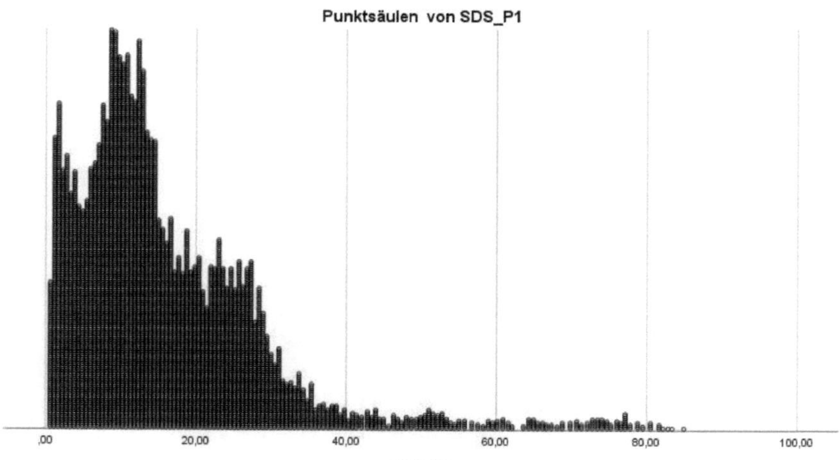

Grafik 3 Verteilung der Messergebnisse Feinstaub PM10

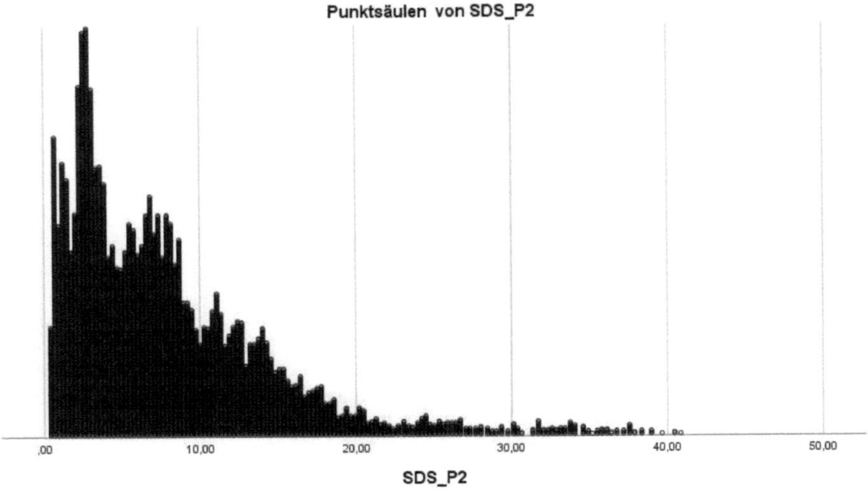

Grafik 4 Verteilung der Messergebnisse PM 2,5

Verteilung der relativen Luftfeuchtigkeit (BME280_humidity)

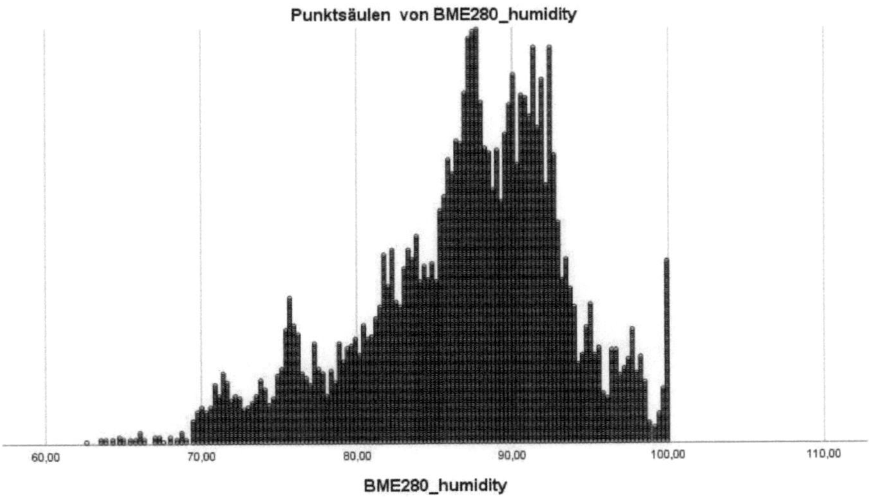

Grafik 5: Verteilung der Messergebnisse der relativen Luftfeuchtigkeit (BME280_humidity) in Prozent

Verteilung der absoluten Luftfeuchtigkeit

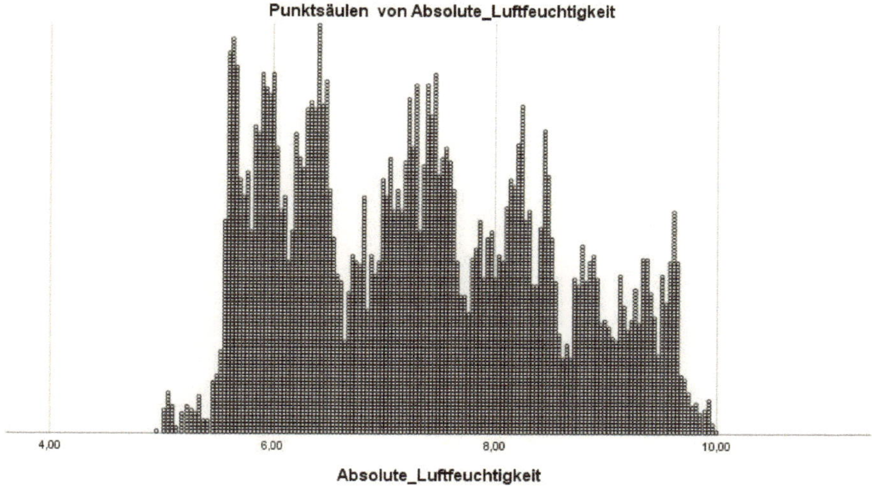

Grafik 6: Verteilung der Ergebnisse absolute Luftfeuchtigkeit

)

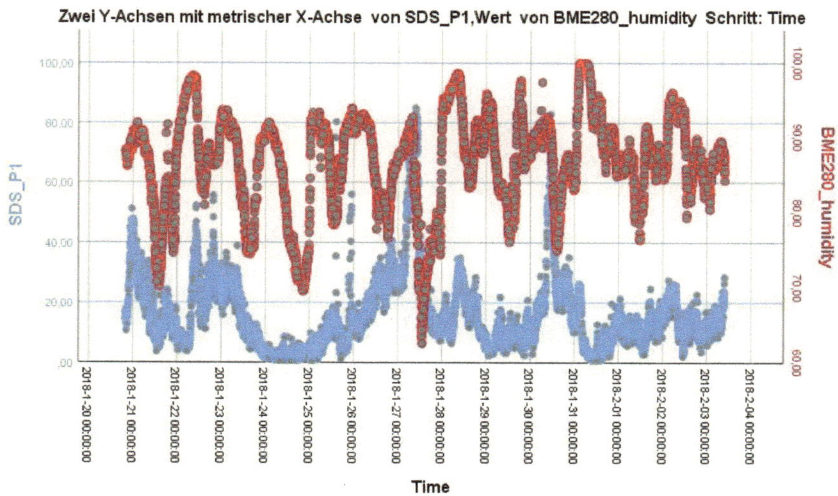

Grafik 7: Darstellung der Werte Feinstaub (SDS_P1) und relative Luftfeuchtigkeit (BME280_humidity

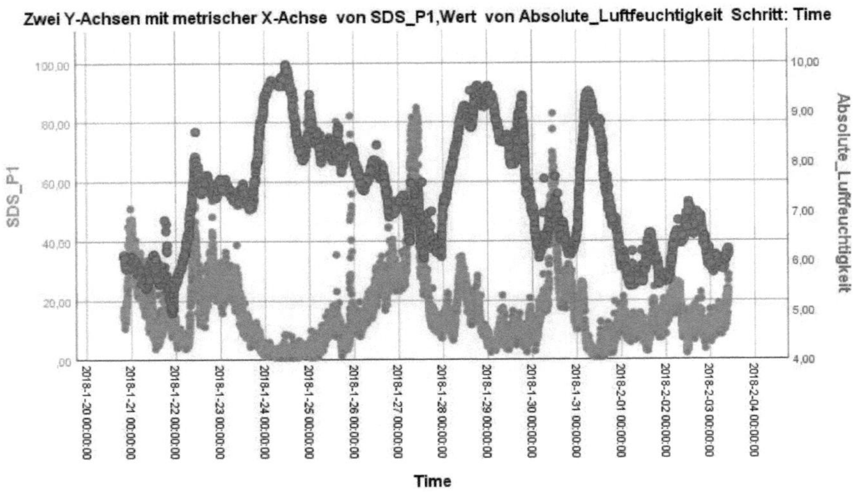

Grafik 8: Darstellung der Werte Feinstaub (SDS_P1) und absolute Luftfeuchtigkeit.

4.3. Korrelationen

		SDS_P1	SDS_P2	BME280_temperature	BME280_humidity	BME280_pressure	Absolute_Luftfeuchtigkeit
SDS_P1	Korrelation nach Pearson	1	,949**	-,250**	,047**	,312**	-,255**
	Signifikanz (1-seitig)		,000	,000	,000	,000	,000
	N	7759	7759	7759	7759	7759	7759
SDS_P2	Korrelation nach Pearson	,949**	1	-,273**	,123**	,320**	-,241**
	Signifikanz (1-seitig)	,000		,000	,000	,000	,000
	N	7759	7759	7759	7759	7759	7759
BME280_temperature	Korrelation nach Pearson	-,250**	-,273**	1	-,282**	,397**	,886**
	Signifikanz (1-seitig)	,000	,000		,000	,000	,000
	N	7759	7759	7759	7759	7759	7759
BME280_humidity	Korrelation nach Pearson	,047**	,123**	-,282**	1	-,114**	,189**
	Signifikanz (1-seitig)	,000	,000	,000		,000	,000
	N	7759	7759	7759	7759	7759	7759
BME280_pressure	Korrelation nach Pearson	,312**	,320**	,397**	-,114**	1	,340**
	Signifikanz (1-seitig)	,000	,000	,000	,000		,000
	N	7759	7759	7759	7759	7759	7759
Absolute_Luftfeuchtigkeit	Korrelation nach Pearson	-,255**	-,241**	,886**	,189**	,340**	1
	Signifikanz (1-seitig)	,000	,000	,000	,000	,000	
	N	7759	7759	7759	7759	7759	7759

**. Die Korrelation ist auf dem Niveau von 0,01 (1-seitig) signifikant.

Tabelle 3: Berechnung der Korrelationen zwischen den einzelnen Variablen

4.4. Darstellung der Korrelationen

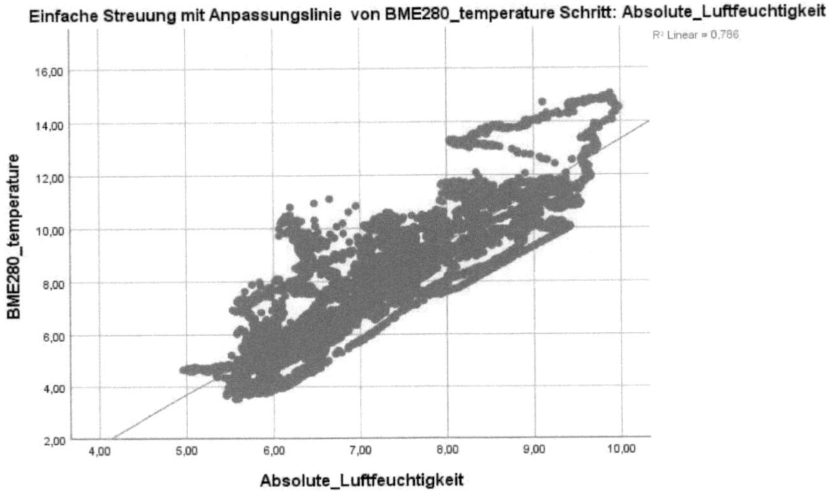

Grafik 9: Punktdiagramm Temperatur (BME280_temperature) y-Achse und Absolute Luftfeuchtigkeit x-Achse mit Regressionsgerade

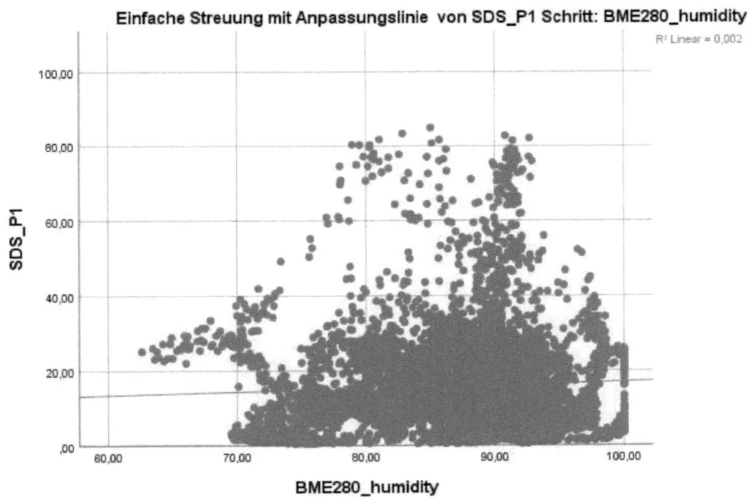

Grafik 10: Punktdiagramm relative Luftfeuchtigkeit (BME280_humidity) und Feinstaubbelastung (SDS_P1) mit Regressionsgerade

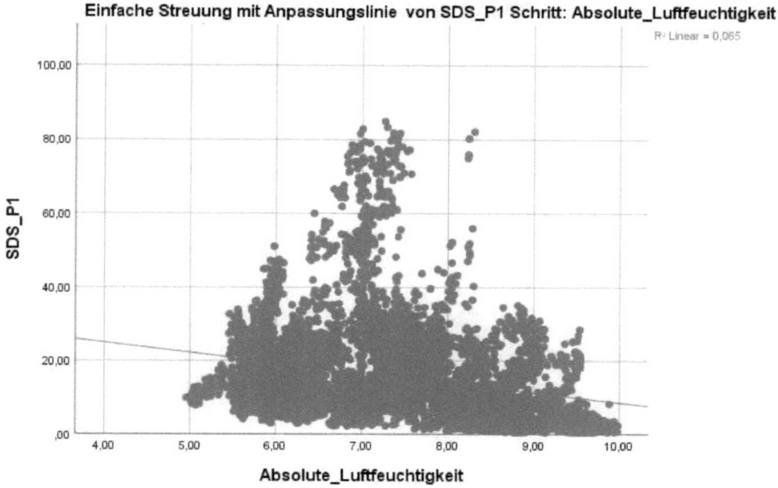

Grafik 11: Punktdiagramm absolute Luftfeuchtigkeit (BME280_humidity) und Feinstaubbelastung (SDS_P1) mit Regressionsgerade

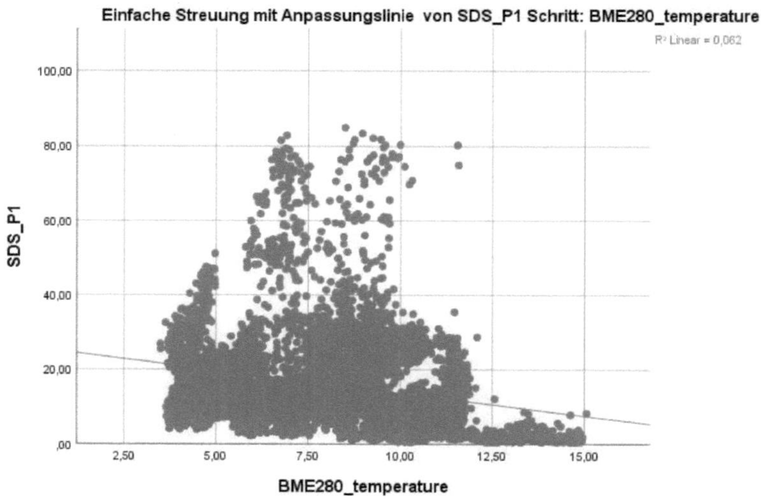

Grafik 12: Punktdiagramm Temperatur (BME280_temperature) und Feinstaubbelastung (SDS_P1 mit Regressionsgerade

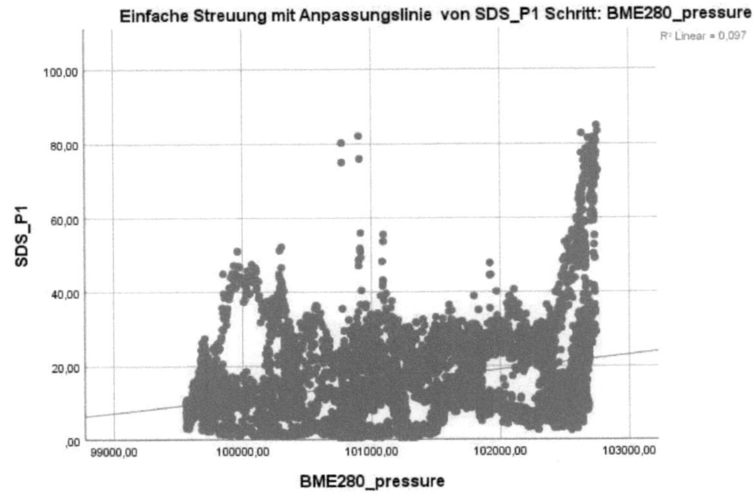

Grafik 13: Punktdiagramm Luftdruck (BME280_pressure) und Feinstaubbelastung (SDS_P1 mit Regressionsgerade

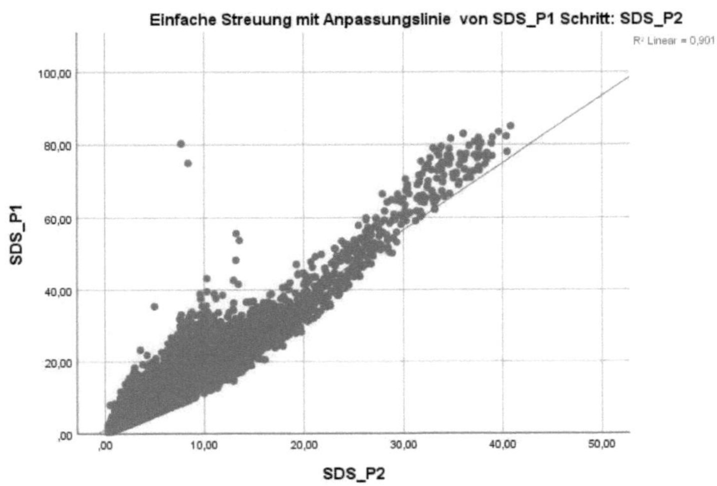

Grafik 14: Punktdiagramm Feinstaubbelastung (SDS_P1 und Feinstaubbelastung (SDS_P1 mit Regressionsgerade

5. Ergebnisdiskussion

Für die statistische Analyse von 7759 Datensätzen, die über einen Zeitraum von 14 Tagen automatisch gesammelt wurden, wertete ich die Messungen von Feinstaub, relativer Luftfeuchtigkeit, absoluter Luftfeuchtigkeit, Luftdruck und Temperatur (Tabelle 2) mit dem Statistikprogramm IBM SPSS Statistics Version 25 aus.

Es findet sich ein signifikanter Zusammenhang zwischen den beiden Feinstaubsorten PM10 und PM2,5 (0,949) (Grafik 14), sodass die Ergebnisse der Feinstaubmessungen zusammengefasst betrachtet werden könnten.

Es besteht ein negativer Zusammenhang zwischen relativer Luftfeuchtigkeit und Temperatur (-0.282) (Tabelle 3). Ein positiver signifikanter Zusammenhang besteht zwischen der absoluten Luftfeuchtigkeit und der Temperatur (0,886) (Grafik 9), dieses Phänomen entspricht auch den Erkenntnissen der Klimaforschung. Wärmere Luft kann größere feuchte Mengen aufnehmen, bei Berechnung der absoluten Luftfeuchtigkeit wird der Wert mit der Temperatur korrigiert.

Die Frage nach dem Zusammenhang zwischen Feinstaub und relativer Luftfeuchtigkeit kann bei dieser Untersuchung verneint werden. Bei der Korrelation zwischen Feinstaub und absoluter Luftfeuchtigkeit fand sich negativer Wert von -0,255 für Feinstaub PM10 bzw. -0,242 für Feinstaub PM2,5 (s. Grafik 11, Definition Partikelgröße s. Tabelle 1).

Man kann vermuten, dass mit dem Anstieg der Luftfeuchtigkeit mehr Partikel gebunden werden, und so der Feinstaubanteil sinkt. Mit dem vorliegenden Messgerät kann nicht die Ursache des Anstieges unterschieden werden. Regen könnte andere Auswirkungen haben als z.B. Nebel.

Die Parameter Windstärke, Windrichtung und Niederschlag waren kein Bestandteil dieser Untersuchung. In einem nächsten Schritt müssten entsprechende Sensoren hinzugefügt und deren Werte berücksichtigt werden, um die kurzfristige Beobachtung der parallelen Bewegung von Feinstaub und Luftfeuchtigkeit weiter zu analysieren

6. Zusammenfassung

Meine Vermutung, dass die Feinstaubkonzentration mit beim Anstieg der Luftfeuchtigkeit zusammenhängt, konnte teilweise bestätigt werden. Bei der Umrechnung der relativen in die absolute Luftfeuchtigkeit konnte eine negative Beziehung aufgezeigt werden. Das Ziel hinsichtlich der Fragestellung wurde erreicht, die statistische Analyse konnte die Vermutung unter Berücksichtigung der absoluten Luftfeuchtigkeit bestätigen.

7. Quellenverzeichnis

7.1. Unterstützungsleistung

Bei der Analyse wurde ich durch meinen Bruder Martin Waciewski unterstützt. Dieser stellte mir auch einen temporären Zugang zum Hochschulrechenzentrum der HRW-Mülheim zur Verfügung. Das Programm IBM SPSS Statistics Version 25 wurde für den Untersuchungszeitraum gemietet. Die Textverarbeitung erfolgte mit Office 365 Schülerlizenz. Begleitend wurde ich durch meinen Vater Michael Waciewski unterstützt.

7.2. Quellenangaben

http://luftdaten.info/feinstaubsensor-bauen/ *Feinstaubsensor bauen – luftdaten.info – Feinstaub selber messen.* Abgerufen am 26. Januar 2018 (deutsch).

https://www.schweizer-fn.de/lueftung/feuchte/feuchte.php Schweizer: *Berechnung der Luftfeuchtigkeit in Abhängigkeit der Temperatur.* Abgerufen am 26. Januar 2018.

https://www.ibm.com/analytics/de/de/technology/spss/ *IBM SPSS – IBM Vorausschauende Analyse – Deutschland.* 23. November 2017, abgerufen am 26. Januar 2018 (deutsch).

Cleff, Thomas: Deskriptive Statistik und Explorative Datenanalyse: Eine computergestützte Einführung mit Excel, SPSS und STATA. Berlin Heidelberg New York: Springer-Verlag, 2015.

https://de.wikipedia.org/wiki/Empirische_Standardabweichung *Empirische Standardabweichung.* In: *Wikipedia.* 21. November 2017 (wikipedia.org [abgerufen am 3. Februar 2018]).

Seite „Boxplot". In: Wikipedia, Die freie Enzyklopädie. Bearbeitungsstand: 7. November 2017, 11:41 UTC. URL: https://de.wikipedia.org/w/index.php?title=Boxplot&oldid=170750578 (Abgerufen: 4. Februar 2018, 06:32 UTC)

Janssen, Jürgen; Laatz, Wilfried: Statistische Datenanalyse mit SPSS: Eine anwendungsorientierte Einführung in das Basissystem und das Modul Exakte Tests. Berlin Heidelberg New York: Springer-Verlag, 2016.

Kappas, Martin: Klimatologie: Klimaforschung im 21. Jahrhundert - Herausforderung für Natur- und Sozialwissenschaften. Berlin Heidelberg New York: Springer-Verlag, 2009.

Baum, Wiebke: *Umweltzonen und Feinstaubbelastung die Auswirkung von Umweltzonen auf die Gesundheit der Bevölkerung.* Diplomica Verlag GmbH, Hamburg 2015

7.3. Abbildungsverzeichnis

Abbildung 1: Quelle Privataufnahme (1/2018)

Abbildung 2: [Scdhaltplan]. (2018, 4. Februar). Abgerufen von http://levmussleben.eu/wp-content/uploads/2017/07/Schaltplan_Feinstaubsensor.png